返回

操作指南

退出应用程序

如何使用AR技术?

与动物合影, 将照片以邮件形式发送给朋友们

将动物们移动到你想要移动的任何地方

点击可隐藏按钮

展示动物们如何奔跑、爬行

给动物喂食, 观察它们如何捕食

倾听动物们发出的叫声

展示动物的大小与特征, 还包含更多有趣的功能

# 什么是爬行动物与两栖动物？

爬行动物是一种脊椎动物，身体外覆盖着鳞片。爬行动物使用肺呼吸并通过卵生进行繁殖。早已灭绝的恐龙也属于爬行动物。目前在全世界，除了南极洲以外，各大洲都有爬行动物分布。

两栖动物是指幼年时生活在水中，成年后便回到陆地，但却能够同时在水中与陆地生活的脊椎动物类型。"两栖动物"的字面意思便是："能够在两处生活的动物"。除了南极与北极，两栖动物遍布全世界。世界上大约有6000种不同种类的两栖动物。

## 爬行动物的特征是什么？

各种爬行动物互不相同，从身体长度仅为1.7厘米的成年壁虎到体长6米、体重达到1000千克的咸水鳄，每种爬行动物的体长与身体重量都相差很大。

### 大多数爬行动物产卵繁殖

大多数爬行动物是卵生的，这意味着它们会产卵。当爬行动物的卵孵化出一只幼体，它看上去就像是成年动物的缩小版。某些种类的爬行动物刚孵化的幼体就长有鳞片，不过，这种爬行动物采用的是"卵胎生"的生殖方式。

卵生

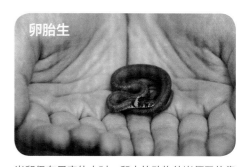
卵胎生

此类爬行动物的妈妈产下卵，幼崽在卵中发育成长，同时依靠卵中的物质提供营养，然后经过一段时间的孵化，幼崽将会破壳而出

当卵仍在母亲体内时，卵内的动物幼崽便已依靠卵中的营养物质发育成长。卵在体内经过一段时间的发育后，幼崽会在母亲体内脱壳孵化，然后母亲会生出已孵化的幼崽

### 它们的皮肤上覆盖着鳞片

爬行动物的皮肤上覆盖着一层鳞片，这样的构造有助于保持其身体的水分，使它们能够在干燥的地区生活。从壁虎颗粒般的纸状皮肤，到蜥蜴串珠状的皮肤，爬行动物具有多种多样的皮肤纹理。

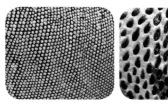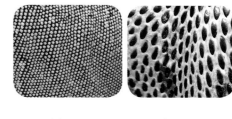

## 两栖动物的特征是什么？

两栖类动物的特征介于鱼类和爬行类动物之间，不过相比较来说，两栖类动物的特征更加接近鱼类。水对于两栖动物来说非常重要，因为它们的幼体需要在水中度过一段或是整个幼年时期。

### 水是生命必需品

两栖动物的皮肤裸露在外，没有毛皮、羽毛或是鳞片覆盖，这是因为它们使用皮肤与肺同时呼吸，甚至仅仅使用皮肤呼吸。通过皮肤呼吸的两栖动物喜欢潮湿的地方，因为它们的皮肤需要在任何时候都保持湿润。

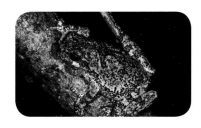

### 我能够改变皮肤的花纹与颜色

两栖动物依靠改变其皮肤的花纹与颜色来与周围环境融为一体，保护并隐藏自己。

### 在水中生活的两栖动物的四肢上生长着进化完善的脚蹼，生活在树上的两栖动物的四肢上生长着进化完善的吸盘

拥有脚蹼有利于在水中游泳

拥有吸盘有利于攀爬树木

## 变色大师
# 变色龙（避役）

对于变色龙来说，它最大的特征就是拥有能够改变自身皮肤颜色的能力。变色龙根据周围的环境或自身的感觉来改变肤色。变色龙住在树枝上并且在白天活动，它们使用强壮的尾巴缠住树枝并用爪子紧紧抓住树枝。变色龙舌头的长度比它的身体和头部相加的长度还要长。平时，它们将舌头卷起藏在嘴巴里，捕食的时候，变色龙会悄悄靠近猎物，然后弹出它的长舌头将猎物捕获。

**变色龙的眼睛能够转向不同方向**

变色龙的两只眼睛可以转向不同方向。变色龙可以用一只眼睛捕猎，而使用另一只眼睛观察周围环境。

**脚爪看上去像是人的手**

变色龙长着五根脚趾，其中的两根脚趾在同一个方向，而剩下的三根朝向另一个方向。这种构造能够帮助变色龙更轻松地抓住树枝。

**带黏性的长舌头**

变色龙使用它的长舌头捕捉猎物。它们的舌头表面附着着黏液，可以把猎物黏在舌头上。

**我是一只有角的变色龙！**
雄性杰克森变色龙的头上长着三只巨大的角，而在雌性杰克森变色龙的鼻子与双眼位置分别长着三只较小的角。

**平衡性超强！**
变色龙四肢的长度基本相同，这使得变色龙在树枝上行动时不会失去平衡。

**螺旋盘起的长尾巴**
变色龙的长尾巴使其能够缠住树枝并在运动时保持平衡。

- 学名：避役
- 生物分类：爬行纲>蜥蜴目>避役科
- 寿命：5~8年
- 食物：杂食（花朵、叶子、水果、昆虫、蜘蛛、蜥蜴、老鼠等）
- 体重：约4kg
- 栖息地：森林、大草原、荒漠

20cm~40cm

**鬣蜥幼崽**
大部分鬣蜥幼崽都是浅棕色的，
但是有些幼崽却是绿色的。

**哇哦！我感觉不错！**
当鬣蜥感觉非常舒服的时候，它
们会放松四肢，将身体趴在树
枝上。

**小型恐龙**

# 鬣蜥

鬣蜥属于爬行动物，是一种非常受欢迎
的宠物。因为鬣蜥的外表看上去像是恐龙，
因此孩子们都十分喜爱它。鬣蜥的头部较大，尾
巴也很长。在鬣蜥的背部，从头部到尾部都覆盖着
叶片状的装饰性鳞片。鬣蜥的下巴上长着下垂状的
褶皮。野生鬣蜥主要生活在靠近水域的树上，它们
同时也是游泳好手，可以潜入水中躲避天敌。年
幼的鬣蜥以昆虫为食，但是成年鬣蜥的主要
食物是植物。

**我拥有华丽的头饰！**

生长在鬣蜥头部的鳞片比起身体其他部位的鳞片更大，而且呈现出不规则的形状。

**唬人的脖饰！**

鬣蜥脖子上的褶皮下垂表明它现在感觉很舒服。若天敌接近，鬣蜥会鼓起并摇动脖子上的褶皮。

- 学名：鬣蜥
- 生物分类：爬行纲>蜥蜴目>鬣蜥科
- 寿命：8~20年
- 食物：杂食（植物嫩芽、花朵、叶子、水果、昆虫、蚯蚓、蜗牛等等）
- 体重：4kg~8kg
- 栖息地：池塘、湖泊、河边的森林

1.7m~2m

**鬣蜥能够断尾逃生**

如同其他蜥蜴一样，鬣蜥在紧急情况下会自己切断尾巴逃走。

9

穿着漂亮斗篷的爬行动物

# 伞蜥

它们的脑袋较小

伞蜥的头部较小，并被鳞片所覆盖。

帮助它们保持平衡的长尾巴

当伞蜥使用后腿逃跑时，它们的长尾巴能够帮助其身体保持平衡。

在伞蜥的脖子周围长着一圈带鳞片的褶皱，仿佛是一件自制的伞状披肩，这也就是它名字的来源。伞蜥的奔跑速度比其他蜥蜴要快。伞蜥的身体一般为灰棕色或是橘棕色，在它们的尾巴上长着黑色的条纹。当遭遇危险时，伞蜥会爬上树或是用后腿快速逃走。伞蜥一生中的大部分时间都在树上度过。

**你害怕了吗？**

当伞蜥感受到威胁或是伞蜥要威胁别的生物时，它们会像撑起雨伞一般，鼓起脖子上的褶皱，同时张开大嘴站立起来。

**脖子上的褶皱去哪里了？**

当伞蜥将颈部的皮肤收起时，脖子上的褶皱就不见啦。

**来找我吧！**

伞蜥会根据生活环境来改变自己的肤色，这样有利于更好地隐藏在树丛中。

- 学名：伞蜥
- 生物分类：爬行纲>有鳞目>飞蜥科
- 寿命：约15年
- 食物：杂食（花朵、叶子、水果、昆虫、小型蜥蜴等）
- 体重：400g~870g
- 栖息地：池塘、湖泊、沼泽、湿地等等

70cm~80cm

11

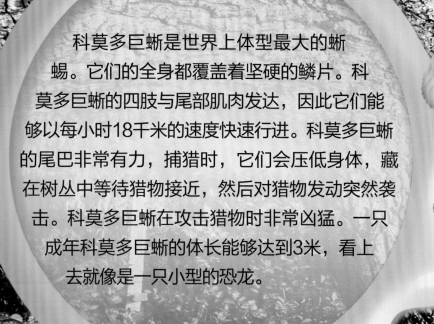

科莫多巨蜥是世界上体型最大的蜥蜴。它们的全身都覆盖着坚硬的鳞片。科莫多巨蜥的四肢与尾部肌肉发达，因此它们能够以每小时18千米的速度快速行进。科莫多巨蜥的尾巴非常有力，捕猎时，它们会压低身体，藏在树丛中等待猎物接近，然后对猎物发动突然袭击。科莫多巨蜥在攻击猎物时非常凶猛。一只成年科莫多巨蜥的体长能够达到3米，看上去就像是一只小型的恐龙。

**科莫多岛上的王者**

# 科莫多巨蜥

**我能够游泳**

科莫多巨蜥并不喜欢水，但它们可以在海水捕猎。

**带有剧毒的科莫多巨蜥**

科莫多巨蜥的牙齿之间生长着分泌毒液的腺体。它的毒液非常致命，以至于猎物被科莫多巨蜥咬上一口，便会在短短数小时内死亡。

**科莫多巨蜥的舌头能够分辨气味**

科莫多巨蜥伸出它分叉的舌头感觉气味。

**我的嘴巴跟河马一样大**

科莫多巨蜥使用牙齿与爪子把大型猎物的尸体撕扯成小块，然后一块一块吞下肚。小型猎物则会被整个吞下。

**待在树上，我会很安全**

在幼年科莫多巨蜥绿色的身体上，有着一道道的黄色与黑色条纹。幼年科莫多巨蜥通常生活在树上以躲避天敌。

**我们也能站立起来！**

科莫多巨蜥能够利用它的后腿和尾巴站立起来。它们会在同类互相争斗时这样做。

• 学名：科莫多巨蜥
• 生物分类：爬行纲>蜥蜴目>巨蜥科
• 寿命：约30年
• 食物：食肉（腐肉、昆虫、小鸟、小型哺乳动物、小型爬行动物等）
• 体重：135kg~165kg
• 栖息地：干燥、空旷的草原、热带森林

2.5m~3m

13

## 锋利的牙齿

尼罗鳄闭上嘴巴时，下颚的前排四颗牙齿会嵌入上颚的齿沟中。

尼罗鳄又被称为"非洲鳄"，长着三角形的头部。它们的身体为深绿色或棕色，上面分布着黑色的图案。尼罗鳄的嗅觉十分敏锐，夜间视力也非常好，它们主要生活在河流与湖泊中，以鱼类与小型动物为食。尼罗鳄是凶猛的捕食者，有时它们也会捕食角马、斑马、水牛等其他大型动物。在尼罗鳄的上下颚分别长着一个能够感觉细微振动的感觉器官，能够帮助尼罗鳄更加敏锐地察觉到猎物的动静。

### 大型动物也是我的猎物！

一群角马渡河时，尼罗鳄发动了进攻！

### 藏在水中

因为尼罗鳄的眼睛、鼻孔和耳朵长在头部的上方，所以尼罗鳄可以把身体隐藏在水面下，仅仅将头部上方露出水面。

**强大的猎手**

# 尼罗鳄

**从鼻孔发出声音**

尼罗鳄宝宝出生时，会从鼻孔发出唧唧的声音。这是它们呼吸时空气通过鼻孔产生的声响。

**强健的尾巴**

尼罗鳄游泳与捕猎时，它强壮有力的大尾巴非常有用。

- **学名：** 尼罗鳄
- **生物分类：** 爬行纲>鳄目>鳄科
- **寿命：** 约70年
- **食物：** 食肉（鱼类、青蛙、鸟类、乌龟、角马、斑马、瞪羚等等）
- **体重：** 400kg~900kg
- **栖息地：** 河流与湖泊

2.5m~5.5m

**脚趾的数量不同**

尼罗鳄的前肢上长着五个脚趾，而它的后肢则长着四个带蹼的脚趾。

海龟长着盾状的甲壳，依靠长长的鳍状肢在海洋里畅游。每当海龟产卵的日子来临，海龟便会返回它们的出生地，在沙滩里产下大约100枚海龟卵。新孵化的小海龟破壳而出后，便会从沙滩中爬出来，然后成群结队地开始返回大海的旅行。在小海龟返回大海的旅程中，许多小海龟会被鸟类或是蜥蜴吃掉，最终，只剩下数量极少的小海龟能够回到大海里。与陆龟不同，海龟无法将它的头缩回龟壳中。

**坚固但却轻便的龟壳**
海龟的壳比陆龟的壳更轻、更扁平，这样的龟壳非常适合在海中游行。

游泳大师

# 海龟

## 像鹦鹉喙一样的嘴部

海龟没有牙齿，但却拥有一副坚固的喙，看上去和鹦鹉的喙很相似。海龟用坚硬的喙吃海草、小鱼与水母。

- **学名：** 海龟
- **生物分类：** 爬行纲>龟鳖目>海龟总科
- **寿命：** 约70年
- **食物：** 杂食（海草、小鱼、水母等等）
- **体重：** 70kg~350kg
- **栖息地：** 除了北极以外的各大海洋

0.7m~1.5m

## 鱼会跟随海龟

海龟身后经常跟随着鱼类，它们想吃到海草或是寄生在海龟背壳上的其他小型生物。

## 长得像船桨一般的鳍状肢

为了适应水下的生活，海龟的四肢进化成了船桨一般的鳍状肢。除了产卵，海龟的大部分时间都在海中生活。

## 海龟在温暖的沙滩中产卵

海龟妈妈通常选择在夜晚到沙滩上挖洞产卵。海龟妈妈一次大约能够产下100多枚卵，产完卵后，海龟妈妈会用沙子将卵埋起来，然后返回大海。

加拉帕戈斯象龟是地球上体型最大同时也是寿命最长的龟类生物。加拉帕戈斯象龟盔甲般的龟壳由多个凸起的棕色六边形构成。虽然加拉帕戈斯象龟移动迟缓，但它们却拥有坚持不懈的性格，所以它们能够在一天内爬行大约6千米的路程。因为加拉帕戈斯象龟能够在身体内储存食物与水，所以它们可以在一年内不进食而存活下来。加拉帕戈斯象龟的食物包括水果、仙人掌、苔藓、植物等等。

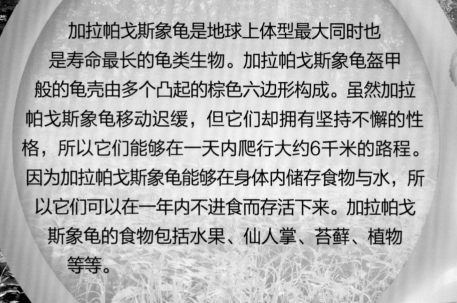

## 我可以进入水中

因为加拉帕戈斯象龟在陆地上生活，所以被人称作"陆龟"。但是，它们也能够在水中生活。

### 地球上寿命最长的动物

# 加拉帕戈斯象龟

## 四肢都覆盖着鳞片

为了支撑身体重量，加拉帕戈斯象龟的四肢长得短粗强壮，像是四根木头一样。

## 我是一种龟类

加拉帕戈斯象龟的背甲从顶部开始向后弯曲，看上去像一个鞍。归功于长着长长的脖子，加拉帕戈斯象龟能够吃到树上的果实与叶子。

## 它们的头能够伸缩

在危险来临时，加拉帕戈斯象龟能够把头缩回龟壳中保护自己。

## 代替牙齿的唇！

加拉帕戈斯象龟没有牙齿，它们利用唇部的凸起咀嚼水果与仙人掌。

- 学名：加拉帕戈斯象龟
- 生物分类：爬行纲>龟鳖目>陆龟科
- 寿命：约180~200年
- 食物：食草（草叶、仙人掌等）
- 体重：70kg~300kg
- 栖息地：干旱的陆地

1m~1.3m

19

# 绿水蚺

**我依靠弯曲身体前进**
绿水蚺通过盘绕与弯曲它的身体向前活动。

**我更喜欢待在水里!**
绿水蚺会藏在浅水或树枝间等待猎物。

绿水蚺生活在南美洲的热带雨林里。它们的身体是绿色或黄色的,夹杂着黑色条纹。绿水蚺浑身覆盖着小而光滑的鳞片。绿水蚺经常被误认为是一种凶猛的生物,其实它是无毒且天性温顺的。不过,绿水蚺还是一种很强大的动物,它们可以用身体绞死鳄鱼与其他大型生物。在陆地上活动时,绿水蚺的速度很慢,但是它在水中的游行速度非常快。

**混浊的双眼**

绿水蚺的双眼没有眼睑，它们的双眼看不清晰而且反应迟钝。在绿水蚺蜕皮的时候，它的双眼会变得更加无用。

- 学名：绿水蚺
- 生物分类：爬行纲>有鳞目>蚺科
- 寿命：约10年
- 食物：食肉（鱼类、鳄龟、凯门鳄、鹿、野猪、豚鼠等）
- 体重：30kg~100kg
- 栖息地：沼泽、湿地

3m~6m

**好大的嘴！**

绿水蚺能够把嘴张得很大，然后将猎物一口吞下。

**舌头拥有感觉气味的能力！**

绿水蚺伸出分叉的舌头来感受周遭的气味。

眼镜王蛇是毒蛇中体型最长的一种。眼镜王蛇之所以被称为"王"，是由于其强大的毒性与其捕食其他蛇的习性。眼镜王蛇体表的鳞片融合了多种颜色，包括了棕色、黄色、橄榄绿和黑色。眼镜王蛇最显著的特征就是长在脖子后的一对"音箱"。当眼镜王蛇感觉受到威胁或是感到愤怒时，它会发出低声的蜂鸣声。和一般种类的蛇不同，眼镜王蛇会筑巢生活，它们一般选择在竹林中筑巢。

致命的毒液

# 眼镜王蛇

**带有神经毒素的毒牙**

眼镜王蛇的上颚长着带毒液的毒牙。只需咬上一口，眼镜王蛇就能使猎物神经麻痹。

**难道你的背后也长着眼睛吗？**

当眼镜王蛇将脖子后的两侧皮褶膨胀开时，一双眼睛的图案便展现出来。眼睛图案的出现意味着它即将发动进攻。

**觉得我可怕吗？**

当眼镜王蛇感受到威胁或被激怒时，它会将身体直立起来并张开它的"头巾"。眼镜王蛇直立起来的高度可达1.5米。

**首先观察四周的情况！**

孵化时，眼镜王蛇幼崽会使用牙齿咬破蛋壳，并从壳中探出头来。眼镜王蛇幼崽会先观察周围情况，当环境安全时，它才会爬出壳来。

**守卫着蛇巢！**

雌性眼镜王蛇会使用树枝与树叶搭建一个巢穴，并在巢穴中产卵。雌性眼镜王蛇会在巢边保护它的宝宝们。

**我是蛇中王者！**

眼镜王蛇偶尔也会捕捉老鼠和蜥蜴，但它们主要的猎物是其他蛇类。眼镜王蛇甚至会捕食较小的同类。

- 学名：眼镜王蛇
- 生物分类：爬行纲>有鳞目>眼镜蛇科
- 寿命：约20年
- 食物：食肉（其他的蛇、蜥蜴、老鼠等等）
- 栖息地：池塘或是湖泊旁的雨林、竹林、农田等等

3m~5m

## 青蛙仅仅捕食活着的昆虫

当青蛙发现猎物时，它会跳上前弹出它的长舌头来捕捉猎物。如果猎物体型较大，青蛙通常会直接用嘴咬。

青蛙是一种既能在水中生活也能在陆地上生活的两栖动物。它们游泳与跳跃的本领都很棒。因为青蛙喜爱生活在潮湿的地方，所以人们常常会在稻田的田埂、小溪、池塘发现它们的踪影。青蛙脑袋上方的眼睛外凸，因此它们能够看清楚各个方向的情况。它们的圆形耳膜位于双眼后方。因为青蛙依靠肺部与皮肤同时呼吸，所以它们的皮肤必须时刻保持湿润。青蛙的肺部较小，不足以提供身体所需的足够氧气，所以它们还需要通过皮肤呼吸，以提供所需的氧气。

## 跳远运动员！

归功于我那强壮的、长长的后腿，我可以一跃跳到体长20倍的距离。

**在水里和陆地都能为家**

# 青蛙

## 带着脚蹼的后肢

青蛙的后肢有蹼，非常有利于游泳。

## 青蛙的生命周期

青蛙的球状卵被白膜包裹

蝌蚪依靠它们的鳃在水中呼吸

随着蝌蚪长大，前腿和后腿会先后从它的身体中出现

当尾巴消失，蝌蚪就成长为小青蛙了

### 带着防水眼镜

当在陆地上活动时，青蛙的下眼睑下垂。当进入水中时，青蛙的眼睑会自下而上闭合，保护眼睛。

### 哇哦！它们看上去像是气球呀！

雄性青蛙通过连续鼓起在下巴下的声囊发出鸣叫声。

- 学名：黑斑侧褶蛙
- 生物分类：两栖纲>无尾目>蛙科
- 寿命：7~12年
- 食物：食肉（苍蝇、蚊子、蚯蚓、蝗虫等）
- 栖息地：湖泊、小溪等

5cm~10cm

# 蟾蜍

蟾蜍看上去和青蛙类似，它们的区别在于皮肤：蟾蜍的皮肤干燥而且疙疙瘩瘩的。蟾蜍不像青蛙一样生活在水边，它们大多选择生活在陆地上。所以，蟾蜍的脚爪上只生有少量的脚蹼。蟾蜍的后腿相对较短，因为蟾蜍不游泳。根据蟾蜍的品种不同，它们的体色也不尽相同，有深棕色、黄棕色与红棕色几种颜色。蟾蜍的双眼后长着能够分泌有毒液体的腮腺。一旦遭遇危险，蟾蜍的身体会分泌毒液。

**我的脑袋又宽又圆**
在蟾蜍宽宽的头部长着一个圆圆的嘴巴。

**蟾蜍发怒时会分泌毒液**
在蟾蜍的双眼后长着一对腮腺，能够分泌有毒的液体。

### 放开我的爱人!

两只雄性蟾蜍为了争夺配偶而纠缠在一起。

### 我背负着我的卵!

充当保姆的雄性蟾蜍会将蟾蜍卵背在背上,将卵搬送到浅水中。

### 声囊

雄性蟾蜍会鼓起下巴下的声囊发出鸣叫。

### 我们会在天气寒冷的时候冬眠!

蟾蜍会藏在地下的洞穴中冬眠以度过冬季或者旱季。

- 学名: 蟾蜍
- 生物分类: 两栖纲>无尾目>蟾蜍科
- 寿命: 约30年
- 食物: 食肉(苍蝇、蚊子、蚯蚓、蝗虫等等)
- 栖息地: 湖泊、池塘、水边的阴凉处

8cm~17cm

## 蟾蜍的生命周期

蟾蜍会在水中或水边产下一长串卵

蝌蚪们群居生活

当蝌蚪的四肢长出来后,它们的尾巴便会逐渐变短、消失

当蝌蚪发育成成年蟾蜍后,蟾蜍便会回到陆地生活

不属于真正的蜥蜴

# 蝾螈

**蝾螈的四肢较短**

蝾螈的四肢比较短。前肢分别长着四根足趾，而后肢则长着五根。蝾螈的四肢没有趾甲。

蝾螈看上去像是蜥蜴，但它其实是一种两栖动物。蝾螈通过身体表面黏滑的皮肤进行呼吸。人们依据蝾螈的栖息地来区分蝾螈的种类：只在水中生活的，只在陆地生活的，以及在水中和陆地上都能生活的。不过无论如何，各种类的蝾螈都会在水中产卵。蝾螈的身体长度是头部长度的三倍，尾巴扁平，比身体的长度要短一些。蝾螈生活在溪流、池塘、水潭等水域旁的落叶下，它们会在夜间活动，捕食昆虫、蚯蚓等。

**外凸的眼睛**

蝾螈的眼睛有一点外凸，上眼睑要比下眼睑稍长一些。

**蝾螈幼崽生活在水中**

蝾螈幼崽长着羽毛状的鳃状器官，它们在水中生活，并通过鳃呼吸。

**我看上去像是小宝宝！**

成年后的墨西哥蝾螈仍然保留着幼崽时期的外貌。墨西哥蝾螈一生中的大部分时间都在水中度过。

**火蝾螈**

火蝾螈来自欧洲，它的皮肤能够分泌有毒物质。

**装在"袋子"里的卵！**

蝾螈把卵产在香蕉形状的胶状物质里。

- 学名：蝾螈
- 生物分类：两栖纲>有尾目>蝾螈科
- 寿命：4~10年
- 食物：食肉（蜘蛛、昆虫、蚯蚓、毛虫、蝌蚪等）
- 栖息地：水边的森林、稻田

8cm~13cm

## 爬行动物和两栖动物的区别是什么？

爬行动物与两栖动物的某些特征相似，比如它们都是卵生动物。更重要的是，它们都是冷血动物，这意味着它们都不能够自己调控体温，只能依靠周围的环境来改变体温。不过，它们在一些方面也有差异，例如：

### 蝾螈的皮肤

蝾螈的皮肤是裸露的，没有鳞片或甲壳覆盖。因为生活在水旁，蝾螈的皮肤能够始终保持湿润。

### 蜥蜴的皮肤

蜥蜴的皮肤是干燥的，皮肤外覆盖着鳞片。

## 现存的爬行动物

时至今日，地球上现存的爬行动物种类被分成四类：蛇和蜥蜴类、鳄鱼类、龟类和巨蜥类。在这些爬行动物中，蛇和蜥蜴类的爬行动物数量是最多的。

- 6000种蜥蜴
- 3000种蛇
- 300种龟
- 25种鳄鱼
- 一种巨蜥

## 现存的两栖动物

时至今日，地球上现存的两栖动物种类被分成四类：青蛙与蟾蜍类、蝾螈与火蝾螈类、大鲵类、蚓螈类。没有四肢的蚓螈是两栖动物中最不为人知的生物。

## 爬行动物与两栖动物的未来

如果人类继续无视地球环境，在未来，许多种类的爬行动物和两栖动物物种可能会灭绝。如今地球上因环境污染，爬行动物和两栖动物的数量急剧减少。很多物种的栖息地正在被人类迅速摧毁，导致这些物种濒临灭绝。我们必须牢记：如果爬行动物与两栖动物灭绝，地球的生态环境将会毁灭，人类也将无法生存。因此，我们必须努力保护地球上的动植物。